RELATION

DU SEIZIEME

VOYAGE AËRIEN

DE

Mr BLANCHARD,

Fait à Gand, le 20 Novembre 1785;

DÉDIÉ

A SON ALTESSE SÉRÉNISSIME MONSEIGNEUR

LE PRINCE DE LIGNE.

A GAND, 1786.

RELATION

DU SEPTIÈME

VOYAGE AÉRIEN

DE

BLANCHARD,

Fait à Lille, le 29 Novembre 1785,

À GAND, 1785.

A MONSEIGNEUR

LE PRINCE CHARLES

DE LIGNE.

MONSEIGNEUR,

LE courage héroïque que vous avez montré à la grande Expérience Aéroſtatique de Lyon, Votre noble hardieſſe qui détermina pluſieurs perſonnes à accompagner VOTRE ALTESSE SÉRÉNISSIME dans un foible Aéroſtat, qui, dans le principe, n'avoit pas été conſtruit pour enlever des hommes, a bien prouvé à toute l'Europe Vos connoiſſances phyſiques & Votre amour pour les beaux-arts: le ſang-froid que vous conſervâtes

au milieu du plus grand danger, n'étoit-il pas fait,
MON PRINCE, pour ranimer le courage de l'homme le
plus abattu. J'étois cet homme déchiré, pétrifié & écrasé
sous la presse depuis nombre d'années ; il me falloit
l'exemple de *Votre valeur*, le génie de VOTRE ALTESSE
avoit déjà, sous le bouclier de Mars, pris le plus brillant
essor, lorsque du champ de Mars je m'élançai pour la
première fois dans les nues ; aussi dès ce tems vous
fis-je hommage de tout le succès du courage que Votre
grande ame m'avoit inspiré, j'en ai conservé un souve-
nir qui m'a fourni de telles armes contre mes ennemis,
que depuis ce tems je n'ai plus trouvé que des jaloux
qui n'auront jamais l'honneur de s'immortaliser par leur
censure.

Je suis avec le plus profond respect,

MONSEIGNEUR,

DE VOTRE ALTESSE SERENISSIME

Le plus humble & le plus
obéissant Serviteur
BLANCHARD, Citoyen de
Calais, Pensionnaire
du Roi.

LE courage eſt de tout ſexe, & ſans remonter à des tems reculés, notre ſiècle nous fournit plus d'un exemple que les femmes ſurent joindre à la délicateſſe & à la foibleſſe de leur ſexe, cette mâle intrépidité & le courage héroïque du nôtre. Un rien ſuffit pour développer en elles le germe de cette vertu. Le récit d'une belle action, d'une action courageuſe & hardie enflamme leur cœur, leur amour-propre, fondé ſur l'eſtime juſte qu'elles font d'elles-mêmes, leur perſuade facilement qu'elles en ſont capables, & leur font naître le deſir le plus violent de le prouver à toute la terre & de ſaiſir avec empreſſement l'occaſion de ſe venger ainſi de l'injuſtice que la plupart des hommes leur font à cet égard : tel fut l'effet, telles furent les impreſſions que fit ſur Mme. *de l'Epinard* ma quatorzième Expérience Aéroſtatique faite à Lille, le 26 Août 1785, avec M. le Chevalier *de l'Epinard* ſon époux. Depuis ce moment, ne voyant que la gloire de parcourir les airs ſans être effrayée des dangers, elle n'eût de repos que lorſque je lui eus promis de ſatisfaire ſon impatience courageuſe, lors de la ſeizième Expérience que je me propoſois faire à Gand.

Avant donc de partir de Lille pour Francfort, je m'aſſurai de la quantité d'acide vitriolique néceſſaire à l'exécution de mon projet, du même *Fabricant* qui m'en avoit déjà fourni de bonne qualité. Mais par des cauſes que je ne pus concevoir, ſes promeſſes n'eurent point d'effet, & je me trouvai la veille de mon Expérience, n'avoir qu'environ le quart de matières qu'il me falloit ; ma poſition étoit d'autant plus fâcheuſe, que le jour en étoit fixé ; toute la Province, dès milliers d'étrangers s'étoient rendus à Gand, jamais ſituation ne fut plus cruelle ; quel parti prendre ? Remettre l'Expérience, les murmures ſe faiſoient déjà entendre de toutes parts ; je n'avois pas un inſtant à perdre ; enfin en ſix heures de tems je recueillis à tout prix

(6)

l'acide vitriolique, bon ou mauvais, que je trouvai dans la ville de
Gand, & j'en eus à peine, la veille de mon Expérience, environ les
deux tiers de ce dont j'avois besoin, pour remplir le Ballon de Calais.
Je me vis donc dans l'impossibilité de remplir les engagemens que j'a-
vois contracté envers Mme. *de l'Epinard.* Je l'en prévins ainsi que
son mari, mon très-honoré compagnon ; mais l'ardeur impatiente de
cette Dame accoutumée à *tout soumettre,* l'image qu'elle se faisoit
de se voir déjà dans les nues, la gloire qu'elle s'en promettoit, ne
lui permirent pas de se persuader l'impossibilité involontaire où j'étois
de satisfaire son desir. Elle se courrouça, & n'en devint que plus in-
téressante. J'allois céder ; mais je crus lui devoir, ainsi qu'à
son mari, à moi & au public, envers lequel j'eusse été très-répréhen-
sible, d'exposer ainsi les jours de cette aimable Dame, de lui repré-
senter le danger éminent où elle alloit s'exposer, vu que toutes les
matières étoient absolument consommées, & que mon Ballon n'étoit
pas plein. Elle se rendit enfin, non sans regret, à mes instances & à
la raison, & descendit de la nacelle. A peine en fut-elle dehors que
je partis comme un éclair.

Je m'élevai avec une rupture d'équilibre de trente-cinq livres,
deux coups de canon, qui me firent éprouver une forte commotion, annoncèrent mon départ ; en moins de 2 minutes, je me vis
éloigné de la terre de plus 4500 pieds ; la violence avec laquelle
je fus emporté me laissa à peine le tems de déployer mes drapeaux
pour saluer les spectateurs, que l'effroi avoit rendus comme immobi-
les. Au moment où j'allois m'asseoir, j'apperçus sur mon siège mon
parachûte qu'on y avoit placé. Quoique je n'en eusse pas promis
l'expérience, je le précipitai hors de la nacelle chargé d'un petit
chien (*a*). Il se déploya à l'instant, & tout en faisant mon dernier
salut, j'entrai dans la première couche de nuages. Mais malgré que
j'eusse attaché le cordon de ma soupape à mon pied pour être maître
de ma descente, après avoir apperçu la mer, la Zélande couverte
d'eau, & tous les environs qui étoient innondés, je n'en perçai pas moins
trois étages de nues, au-dessus desquelles je trouvai la chaleur de l'été. Je

____

(*a*) Des lettres disent que le parachûte arrivé à terre effraya des Paysans qui
n'osoient en approcher, croyant que le chien noir dont il étoit chargé étoit un
diable ; mais ils reconnurent ensuite leur erreur & s'en approchèrent, non sans faire
plusieurs signes de croix.

ne jouis pas long-tems de cette agréable situation ; la dilatation fut telle, que l'air inflammable qui avoit été fait au moment que le ciel étoit couvert & à l'ombre d'une tente, occupa dans un inftant toute la fphère, & malgré que ma foupape fut ouverte , je montai à une hauteur incroyable , qui felon le rapport de mon inftrument étoit à 32 mille pieds de terre. Les nuages étoient fi loin fous mes pieds qu'il me fembloit que je planois fur la mer la plus étendue ; je ne diftinguois plus ces roulemens de nuages qui reffemblent aux flots écumans d'une mer agitée ; je voguois dans l'immenfité des airs à la merci des vents, éprouvant un froid que jamais mortel n'a reffenti dans les climats les plus rigoureux. La nature languiffoit , j'éprouvois un engourdiffement prélude d'un fommeil dangereux, lorfque me levant malgré le peu de force qui me reftoit, je m'armai de courage , j'entrai dans mon Ballon , & à l'aide du manche d'un de mes drapeaux , je le crêvai en différens endroits , j'en arrachai les morceaux , je me tins en équilibre fur le petit cerceau jufqu'à ce que j'euffe mis le pôle inférieur en pièces. Je cherchois à précipiter ma defcente avec d'autant de raifon que je m'étois bien apperçu en partant que je prenois le chemin de la mer , & en une minute il ne refta plus en entier que la partie fupérieure du Ballon, auffi fut-il vuide auffi-tôt à quelque chofe près, & je defcendis avec une célérité qui n'a eu d'exemple que dans la funefte expérience de mon malheureux ami *Defrofiers*. Je penfai qu'il valoit autant defcendre *en parachûte* que de me précipiter à la mer , je tenois en defcendant les lambeaux du pôle inférieur de mon Ballon qui auroient fait parachûte plutôt que je n'aurois voulu fi je les avois lâchés ; j'arrivai ainfi à la région des nuages avec une telle vîteffe , que je ne pouvois fortir la tête hors de mon char fans avoir les yeux & les oreilles cruellement affectés par la violence de l'air caufée par le degré de vîteffe de ma defcente : mes lèvres s'étoient gercées au point qu'elles étoient enfanglantées.

Malgré que le fifflement de l'air fût épouvantable, fifflement occafionné fuivant l'obfervation ci-deffus, par la rapidité de ma defcente ; je n'en fus nullement affecté , bien convaincu que je ferois parachûte à volonté ; en effet, arrivé au milieu des nues, dans la région où j'avois éprouvé une fi douce température, je difpofai mon Ballon à faire parachûte, c'eft-à-dire, je fis de gros nœuds avec tous les lambeaux & l'appendice qui y tenoit encore, & appercevant que j'avois de la marge jufqu'à la mer, je lâchai prife, & d'une étendue de 10 à 12 pieds qu'il préfentoit il forma le plus beau parafol; la commotion fut fi confidérable au moment où le Ballon s'ouvrit, que je reftai comme fufpendu fans apparence de mouvement; enfuite entraîné par la rapidité des courants, je defcendis en allant horifontalement, d'un mouvement doux & aifé, quoiqu'avec la rapidité d'une flèche, ayant toujours 30 livres de left dans mon char qui ne pouvoit me fervir à remonter, mais bien à éviter les édifices; je traverfai ainfi en parachûte une rivière & deux petits bras de mer; au bord du detnier que je paffai au moyen d'un fac de left que je jettai, j'apperçus un clocher contre lequel j'allois me brifer; je fautai promptement à mon filet, & donnant à mon parachûte un plan incliné vers l'oueft, j'évitai la flèche; mais une ancre de 20 livres de poids, attachée au bout de mon cordeau de 150 pieds de longueur, s'accrocha au toît d'une chaumière qu'elle déchira, ravageant & emportant tout ce qu'elle rencontroit; je tremblois qu'elle n'accrochât quelqu'un dans le Village, dont j'entendois les Habitans effrayés, pouffer des cris lamentables; (b) je déracinai quantité de petits arbres, je caffai de groffes branches, j'arrachai plufieurs buiffons, mon ancre étoit chargée d'un lourd fardeau qu'elle traînoit, lorqu'une de fes dents s'accrocha à la porte d'une ferme, & fit pencher mon parachûte; la force du vent qui m'entraînoit fût telle, que le cordeau qui ne pouvoit rompre que par 6000 livres de force, brifa le cerceau auquel il étoit attaché, quoiqu'il fut fait de très-bon bois, de chanvre, de nerf de bœuf, de canne, &c. &c. enfin, chofe à laquélle je ne devois pas m'attendre, il fe mit en pieces, je jettai à ce moment le fac qui me reftoit, & par cette rupture je fis l'effet de la balançoire; un tourbillon m'éleva affez haut: je me jettai auffi-tôt aux mailles de mon filet pour defcendre par un plan incliné le plutôt poffible, ayant la mer fur mes côtés & devant moi; j'arrivai fans ancre & *fans cordes* dans une terre labourée, & un inftant de calme laiffa à mon parachûte la facilité de fe pofer à terre, je fortis auffi-tôt de ma nacelle, cherchant aux environs fi je ne verrois perfonne, mais un rayon de foleil s'étant fait fentir, le peu d'air inflammable qui reftoit fe dilata, & le Ballon femblant vouloir fe redreffer, un tourbillon qui furvint le prit en deffous, & l'en-

---

(b) Tous les animaux fefauvoient, couroient à travers champs, & j'ai vu depuis chez M. le Grand, Bailli de Gand, des lettres qui rapportoient que des domeftiques voyant cette machine dorée, s'écrierent, voyez, voyez mon maître, le monde va finir; Dieu le Pere defcend dans un Char *lumineux* pour juger les Hommes.

leva

leva ; je courus après la gondole , & en sautant je la rattrapai à
quelques pieds de terre , je sentis à l'instant que ma résistance étoit
vaine , mais je persistai en courant à ne vouloir lacher prise ; il me
sembloit humiliant d'abandonner mon équipage , la force du tourbillon
augmentant , je me trouvai dans une minute suspendu par les mains
à plus de 300 pieds de terre ; ma position étoit très-gênante , mes
forces s'épuisoient , je rentrai cependant , non sans peine , dans mon
char , & je travaillai de nouveau à ma descente , je réussis. Le peu
d'élévation où j'étois au-dessus de la terre , & la violence avec laquelle j'étois poussé , me faisoit craindre de rencontrer quelques chauf-
fées ou quelques maisons ; je sentois tout le danger d'une plus grande
opiniâtreté dans une pareille circonstance ; je défis en conséquence
deux des cordons de mon char , & à l'instant où j'allois recevoir le choc
le plus terrible contre la digue d'un ruisseau , j'abandonnai lestement
mon équipage ; le parachûte fit quelques pirouettes qui me firent pré-
sumer qu'il alloit tomber , mais il continua sa route , brisa la tête de
deux grands arbres qui s'opposoient à son passage , & fut en passant
au-dessus du Village se précipiter à la mer ; il restoit si peu d'air inflammable , que la gondole coula à fond aussi-tôt.

Il étoit midi 55 minutes à ma montre , lorsque je m'élevai du
Couvent de la Biloke à Gand , & je fis cette dernière descente près
du Village de Hontenisse , près d'Hulst , à une heure 15 minutes à la
même montre , distance de 10 grandes lieues ; après avoir fait en
deviation & élévation , selon un très-bon Observateur , plus de 15
lieues , ce qui feroit 25 lieues en 20 minutes ; ce que je crois d'autant plus facilement , que dans tous mes Voyages , je n'ai jamais eu un
vent si violent , & je n'ai pas laissé néanmoins d'approcher quelquefois
de cette célérité.

Mon Ballon une fois échappé , mon embarras n'en fut pas moindre ;
tombé des nues , seul au milieu d'une espèce d'isle , ne voyant qu'une
triste chaumière dans le lointain , n'appercevant , n'entendant personne ,
dénué de tout , excédé de froid & de fatigue , ne sachant point nager ,
où aller ? que faire ? que devenir ? J'avoue que ce moment fut pour
moi le plus inquiétant. Dans ces tristes réflexions , & cherchant à
prendre un parti , une voix humaine , qui me paroissoit venir de loin ,
se fit entendre ; j'y prêtai attention , je n'avois ni assez d'yeux , ni
assez d'oreilles , je vis enfin un homme accourir à grand pas , criant ,

B

levant les mains au Ciel, & montrant toutes les marques du plus grand
effroi & de la plus grande surprise ; sa femme & ses enfans sortirent,
je criai à mon tour, ils m'entendirent, restèrent stupéfaits, & s'en-
tre regardèrent dans le plus grand silence, comme pour se demander,
que fait cet homme au milieu de ces eaux ? Par quelle route y est-il
arrivé, & quel est le hazard qui l'y a conduit ? Ce qui étoit en effet
une énigme pour ces bonnes gens. Le Paysan rentrant chez lui, en
sortit aussi-tôt, armé d'un gros bâton, qui avoit bien 12 pieds de
longueur, & accourut à moi ; mes cheveux se hérissèrent, je n'avois
point d'armes pour me défendre, je me crus encore une fois chez ces
Paysans Hollandois qui faillirent m'assassiner avec de pareilles massues ;
je me disposois à me défendre comme je pouvois, lorsque je vis cet
homme arriver jusqu'à moi, sautant de ruisseau en ruisseau à l'aide de
son bâton ; il me parla sa langue, je lui parlai la mienne, & nous
ne nous entendîmes ni l'un ni l'autre ; je m'efforçai de lui faire entendre par signes que j'étois arrivé en ce lieu par un Ballon, & je
compris par les siens qu'il l'avoit rencontré, & qu'il n'étoit pas
encore remis de sa surprise ; je compris aussi, que le seul moyen de
sortir de cet endroit, étoit de me servir comme lui de son bâton,
qu'il m'envoya après s'en être servi, en en enfonçant le bout au fond
de l'eau pour sauter très-lestement d'un bord à l'autre la première
petite *Rivière* ; j'avoue que par le peu d'usage que j'avois de passer
ainsi l'eau, cette manière & son exemple ne me rassurèrent point ;
je pouvois lâcher prise par le peu de force qui me restoit d'après le
travail de mes manœuvres, ou perdant l'équilibre, prendre un bain
qui n'étoit pas de saison ; mais nécessité n'a pas de loi, & souvent
est la mère de l'industrie ; je me hazardai : le succès répondit à mes
efforts, & à la *crotte* près, dont je fus couvert de la tête aux pieds,
j'arrivai sain & sauf sur la chaussée, d'où je découvris à quelques pas
plus loin le Village de Hontenisse, sur lequel avoit passé le Ballon ;
j'y fus avec mon maître en l'art de sauter des ruisseaux (art tout-à-
fait nouveau pour moi,) chercher quelqu'un qui parlât françois ;
mais inutilement, on ne me comprenoit point, on me regardoit &
on rioit ; eh, qui n'auroit ri effectivement, de voir un homme en
habit brodé, crotté, mouillé jusqu'aux oreilles, la tête couverte,
grace encore à mon libérateur, d'un chapeau à moitié rongé par les
rats ; ce fut néanmoins dans cet accoutrement que j'entrai chez le Curé
du lieu, qui tout en me toisant de ses yeux, & se retirant près de
sa cheminée, m'offrit cependant & très-galamment deux verres de

bon vin dont il fe régaloit, près de fon feu, avec fa *** & s'écria, après lui avoir fait part du fujet de ma vifite, » ah ! vous êtes M. » *Blanchard*, j'en fuis bien aife, & vous cherchez votre Ballon, c'eft » très-bien fait, tâchez de le trouver. » A ce bref difcours, je pris congé de lui, en le remerciant de fes politeffes, & fus (toujours accompagné de mon honnête Payfan) chercher dans le Village quelqu'un qui voulût m'accompagner, lorfque je fus affez heureux pour rencontrer à quelques pas de là M. le Vicaire qui avoit vu le Ballon, & qui apparemment ayant lu les Gazettes, fe douta qui je pouvois être; il me fauta au col en me nommant, m'entraîna, pour ainfi dire, chez lui, où il me fit fervir un bon dîner, & me tira de l'inquiétude où j'étois fur le fort de mon Ballon, comme on le voit dans fon Procès-verbal.

Il eft inutile auffi de rapporter ici la manière dont il fut pêché: le Procès-verbal du Capitaine qui le recueillit, en donne tous les détails néceffaires. Ce brave homme en me mettant à terre, me dit au milieu d'un Peuple innombrable qui s'étoit affemblé à ce fujet; je vous remets fur l'élément que vous ne devez plus quitter; car je ne penfe pas qu'après la perte de votre équipage, il vous arrive jamais de remonter dans les airs : Capitaine, lui répondis-je, vous m'avez fait le récit de vos-malheurs fur mer, de la manière dont vous vous êtes fauvé à la nage, après avoir vu périr fous vos yeux votre Vaiffeau; pourquoi donc aujourd'hui en montez-vous un autre ? Je n'ai plus rien à vous répondre, me dit-il, allez en paix, vous emportez tous mes vœux.

J'arrivai à Gand le lundi 21, vers les 3 heures après midi ; Mgr. le Prince de Ligne en étoit parti à midi : il étoit refté jufqu'à ce jour, croyant à chaque inftant me voir arriver; il avoit même dans cette efpérance donné la veille un magnifique repas de 100 couverts; où toute la Nobleffe fut invitée ; enfuite duquel fuccéda un grand Bal, où toutes les perfonnes qui y étoient eurent la bonté de regretter de ne m'y pas voir. S. A. y témoigna fes craintes fur mon fort, parlant à chaque inftant du tems affreux qu'il faifoit lors de mon départ.

Il fallut paroître au Spectacle pour fatisfaire le Public qui ne ceffoit d'environner l'Hôtel ; le Parterre voulut bien me prouver toute fa fatisfaction par des applaudiffemens redoublés ; les couronnes, les fleurs, les couplets me furent prodigués ; enfin, le contentement me parut général ; après le Spectacle on annonça un Bal à l'occafion de mon heureux retour.

M. le Grand Bailli donna un magnifique fouper ; Mgr. l'Evêque de Gand à qui j'avois eu l'honneur de préfenter, auffi-tôt mon arrivée, l'un de mes Drapeaux à fes Armes, fe trouva à cette fête, me pria d'accepter une magnifique Boîte d'or, enrichie d'un très-beau médaillon, & au milieu du repas j'eus l'honneur d'être couronné par S. A. Enfuite j'eus celui d'accompagner les Dames au Bal, qui fut des mieux compofé ; le lendemain 23, je partis pour Bruxelles pour faire hommage à S. A. S. Mgr. le Prince de Ligne, du Drapeau à fes Armes ; ce refpectable Prince m'honora des marques de la plus grande bonté & de la plus grande joie. Comme on avoit prévu mon voyage à Bruxelles, on avoit changé la Pièce qu'on devoit repréfenter ce jour-là, & on y avoit subftitué *Zémire & Azor.* Le Parterre me reçut avec le plus grand enthoufiafme, me prodigua fes applaudiffemens, & demanda une expérience ; Mgr. le Prince de Ligne dans la loge duquel j'avois l'honneur d'être, voulut bien répondre à fon defir par un *oui* ; de mon côté, je m'emprefferai de répondre le plutôt poffible à l'honneur dont il m'a comblé, & je ferai enforte de donner à cette Expérience fi elle peut avoir lieu, tout le brillant dont l'Aéroftation peut être fufceptible.

Nota. On a obfervé que Ballon eft parti du Couvent de la Biloke à midi 55 minutes, que le parachûte eft tombé à 3 lieues & demie de diftance fur une terre de la Biloke à une heure, & que le Ballon eft auffi allé defcendre à 10 lieues fur une autre petite terre appartenante à la Biloke, à une heure 15 minutes. Pour conferver la mémoire de la fingularité de ce fait, on s'eft propofé d'y ériger un petit monument.

PREMIER PROCES-VERBAL.

L'An mil fept cent quatre-vingt-cinq, le dix-neuf Novembre, nous fouffignés certifions avoir été témoins de la feizième Expérience que Mr. Blanchard, Citoyen de Calais, Penfionnaire du Roi, a fait dans cette Ville de Gand ; dans lequel Voyage une Dame fe propofoit de l'accompagner, mais elle ne put jouir de l'avantage qu'elle défiroit avec tant d'ardeur, M. Blanchard n'ayant pu trouver affez d'acide vitriolique à Gand : nous avons remarqué avec furprife que deux feuls vaiffeaux étoient la bafe d'un appareil fi fimple & fi facile qu'un feul homme pouvoit fuffire pour la manutention. A une heure moins cinq minutes, cet Aéronaute ayant confommé toutes fes matières qu'il avoit difficilement pu fe procurer, il monta dans fa nacelle & s'éloigna de nous avec une vîteffe inconcevable, en faluant de fes drapeaux tous les fpectateurs étonnés, lorfqu'il nous parut à quatre ou cinq mille pieds de terre, il abandonna fon parachûte dans lequel étoit un animal qui eft defcendu très-lentement fur la terre & qui a été trouvé très-bien portant à trois lieues & demie du Couvent de la Biloke, lieu du départ du Ballon. Peu-après que cet Aéronaute eût lâché fon parachûte, nous le vîmes entrer dans les nuages qui nous le dérobèrent, nous obfervâmes même encore à l'aide de nos inftrumens les faluts de cet Aéronaute ayant que d'entrer dans les nuages. En foi de quoi nous avons fignés. *Signés*, FERDINAND, Evêque de Gand. Le Prince DE LIGNE. Le Prince CHARLES DE LIGNE. Le Vicomte VILAIN XIIII. Le Chévalier VILAIN XIIII.

SECOND PROCES-VERBAL.

L'An mil fept cent quatre-vingt-cinq, le 29 Novembre, nous fouffignés, déclarons avoir rencontré à deux heures précifes M. Blanchard, qui nous a dit aller à la pourfuite de fon Ballon ; que d'après fon récit, il avoit fagement abandonné ; & fur ce que nous avons rencontré cet Aéronaute, nous l'avons engagé d'entrer dans notre maifon, où nous avons tâché de lui faire tout l'accueil que mérite ce voyageur aérien ; & fur le rapport qu'il nous a fait des circonftances de fon Voyage, nous avons remarqué avec étonnement, qu'il ne lui eft pas arrivé le moindre accident ; nous nous fommes tranfportés vers les quatre heures, au bord de la mer, où nous avons appris la defcente de l'Aéroftat ; & après nous être affurés des moyens de le recevoir, nous fommes revenus paffer la nuit chez moi, à Hontenifle, pays d'Hulft. En foi de quoi nous avons fignés, les jour, mois & an que deffus. *Signé*, MATHIEU-CORNEIL DE RYKE, Vicaire de Hontenifle, pays d'Hulft.

TROISIEME PROCES-VERBAL.

L'An mil fept cent quatre-vingt cinq, le 20 Novembre, nous fouffignés déclarons avoir vu le jour d'hier, vers une heure 20 minutes, un corps de forme d'hémifphère concave, planant dans les airs ; pouffé par le vent, qui étoit dans ce moment S. O. ; & fur ce que nous avons vu cette machine coloffale fe précipiter à la mer ; nous Capitaine du vaiffeau le Corneil, ayant jugé que c'étoit un Ballon, avons envoyé notre Lieutenant & notre Canonnier, & le Quartier-Maître avec quatre Matelots dans un canot, avec ordre de faire diligence, pour fecourir les Voyageurs aériens, que nous fuppofions être dans une nacelle, que nous diftinguions bien appendue au Ballon ; notre chaloupe, après bien de la peine, rejoignit cet équipage aérien ; nos Matelots voulurent effayer de foulever la gondole, qui étoit affez avant dans l'eau, pour s'affurer s'il n'y avoit perfonne ; mais ils fe trouverent tous embarraffés, les uns dans les filets, les autres dans les cordages de la nacelle, d'une telle manière, que fans deux chaloupes qui arriverent fort à propos à leurs fecours, ils auroient pu courir des dangers. Le vent foufflôit avec une telle violence, que l'aéroftat, qui avoit pris la forme de parafol, couché fur le côté, entraîna ces trois vaiffeaux en moins de quatre minutes, de l'autre bord du Domt, à plus d'une lieue & demie du point où il avoit été porté pendant ce violent trajet ; notre Lieutenant qui n'avoit pas trouvé de Voyageur dans la gondole, & ignorant le lieu où il pouvoit être réfugié, ouvrit le Ballon avec fon fabre, le déchira & chercha, ainfi que les autres, s'il ne pouvoit trouver perfonne dans le Ballon, à qui il put fauver la vie ; arrivés à terre, ils furent obligés de le mettre en pieces, pour s'affurer de leur proie ; & le peu d'air inflammable qui reſtoit s'échappa , & éloigna par ſon odeur ceux qui vouloient en emporter chacun un morceau ; ces trois chaloupes s'en retournerent promptement ſur leurs pas ; les Matelots ayant trouvé dans le char , des drapeaux , qui leur fit ſoupçonner que ces Voyageurs étoient tombés à la mer ; après bien des recherches inutiles , notre Lieutenant nous ayant fait ſon rapport , nous avons dépêché une chaloupe, qui a amené à notre bord les débris de ce ſublime équipage, qui après l'examen que nous en avons fait , nous a paru appartenir à M. Blanchard ; ſur une face étoient les Armes de France & d'Empire ; & pluſieurs autres Armoiries , comme celles de Calais , de Guines , &c. & d'un autre côté, étoit auſſi en dorure l'Hiſtoire du paſſage d'Angleterre en France ; la repréſentation du monument élevé à cette occaſion dans la forêt du Roi ; & plus bas , ces mots écrits en lettres d'or , *le premier qui a paſſé la mer d'Angleterre en France.* Toutes ces indices ſuffirent bien pour nous convaincre que cet équipage impoſant appartenoit à cet illuſtre Voyageur aérien ; & tout en tremblant pour ſes jours , nous eûmes grand ſoin de cette voiture céleſte ; nous ployâmes auſſi très-reſpectueuſement les drapeaux, dont nous en reconnûmes un être aux Armes de Mgr. le Prince de Ligne , & fûmes auſſi-tôt faire notre rapport à notre Commandant qui étoit mouillé à quelques milles de nous ; & ſur ce qu'il nous ordonna d'écrire ſur le champ à M. Blanchard & à pluſieurs de ſes Compagnons d'Angleterre & de France , dont nous avons trouvé les noms dans la nacelle ; nos lettres alloient partir au moment où nous avons vu , avec le plus grand plaiſir , M. Blanchard arriver à notre bord ; nous lui avons témoigné notre crainte ſur ſon ſort , & la vive ſatisfaction que nous avions de le voir parmi nous , tant notre Equipage étoit enchanté de poſſéder cet homme qui fait tant d'honneur à notre ſiecle ; & M. Bacot, Echevin du pays d'Hulſt, qui l'accompagnoit à notre bord, fut témoin de cette agréable ſcène ; après une petite fête très-gaie , dans notre vaiſſeau , nous conduiſimes cet Aéronaute à bord du vaiſſeau de M. Haeringman , notre Commandant, qui ne put aſſez lui exprimer combien il étoit ſatisfait de le voir. Il étoit 7 heures du matin lorſque cet Aéronaute vint à notre bord, & il étoit trois heures lorſque nous le mîmes à terre avec ſon Ballon, dont nous conſerverons à jamais les débris de la gondole , pour perpétuer à notre poſtérité la mémoire de ce Voyageur intrépide. En foi de quoi nous avons ſigné les jour & an que deſſus. *Signés*, ANDRIES RIESE, Capitaine. JEAN VISSIEZ, Lieutenant. WIESENAER, Secrétaire. Et H. A. BACOT , Echevin du pays d'Hulſt.

ERRATA.

Dans la première page, *au lieu de* 20, *lifez* 19.

Dans la quatrième ligne de l'Epître, page 3, *au lieu de* foible, *lifez* frêle.

A la quatrième Page, dans l'Epître, troifième ligne, *au lieu de* pétrifié, *lifez* perfiflé.

Page 5, ligne 3, *au lieu* de leur fexe, *lifez* du leur.

Même page, ligne 17, *au lieu de* faire à Gand, *lifez* de faire à Gand.

Même page, ligne 23, *au lieu* de matières, *lifez* des matières.

Page 7, ligne 18, *au lieu de* d'autant de raifon, *lifez* d'autant plus de raifon.

Page 10, avant-dernière ligne, *au lieu de* près de fa cheminée, *lifez* fous fa cheminée.

Page 13, première ligne du fecond Procès-verbal, *au lieu de* 29, *lifez* 19.

Page 14, ligne 5, *au lieu de* le recevoir, *lifez* le ravoir.

Même page, vingtième ligne, du troifième Procès-verbal, *au lieu de* porté, *lifez* pêché.

Page 15, ligne 26, *au lieu de* tant notre équipage, *lifez* tout notre équipage.

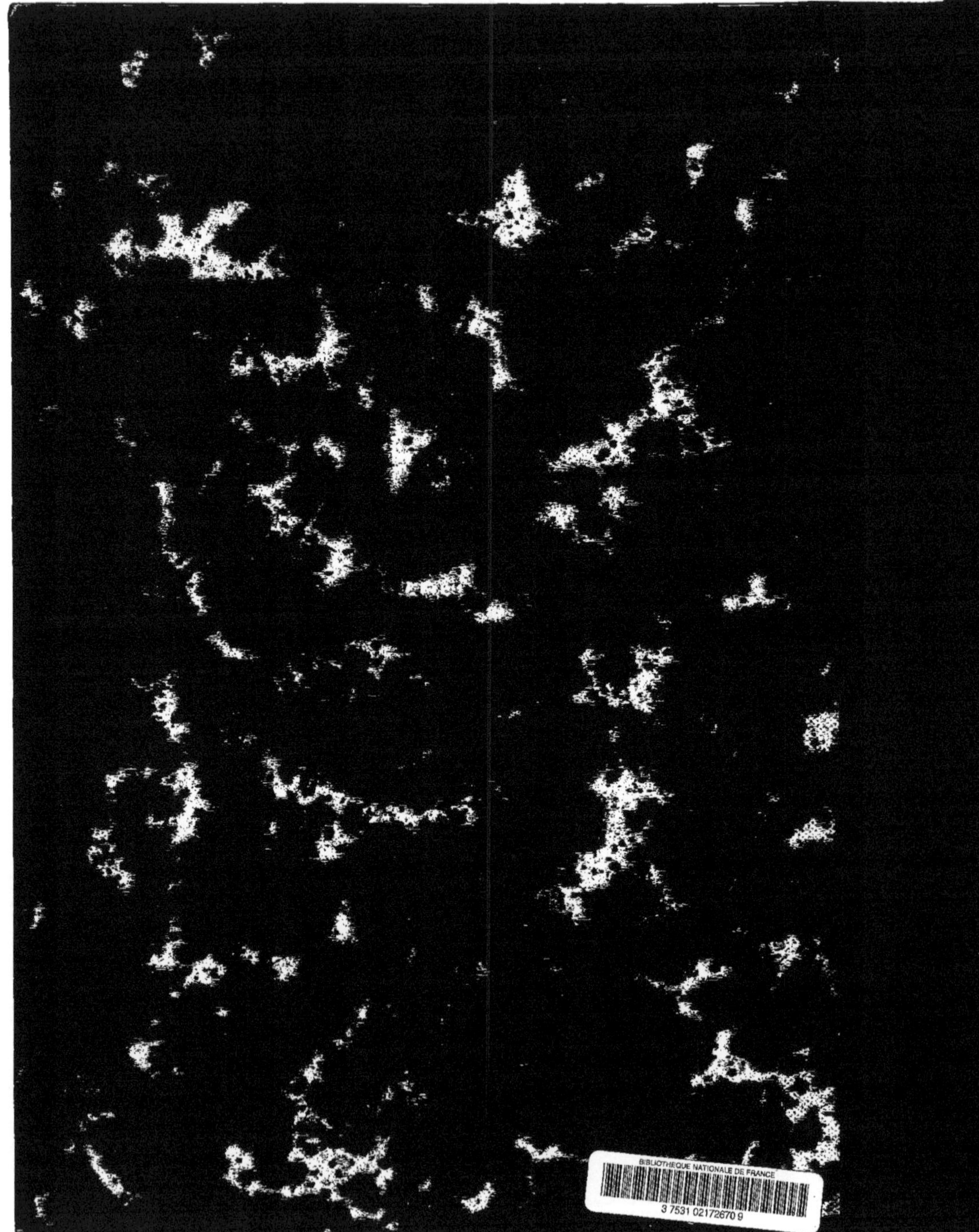

9 782013 689809